SILVIA CHRISTINE STRAUCH

Wie Pferde denken

SILVIA CHRISTINE STRAUCH

Wie Pferde denken

Inhalt

Zum Thema

Harmonie zwischen Mensch und Pferd basiert immer auf gegenseitigem Vertrauen und Respekt.

Ängstliche Pferde können nur durch konsequente Ausbildung ihre Schreckhaftigkeit verlieren.

Praxis-Wissen

Pferde verstehen

Wie sieht Kommunikation mit dem Pferd aus? Kann man Pferde überhaupt verstehen? Kann man sich in ihre Gefühlswelt hineinversetzen?
Offensichtlich gibt es Menschen, die dafür eine besondere Begabung haben. Denken Sie nur an den Kinohit »Der Pferdeflüsterer«. Er erzählt die Geschichte eines Mannes, der die »Sprache« der Pferde versteht.

Was ist Kommunikation?

Die Verhaltensforschung definiert den Begriff Kommunikation als Verständigung, Signalübertragung und Informationsaustausch. Kommunikation bedeutet also auch, dass ein Individuum durch das Aussenden bestimmter Signale Einfluss auf das Verhalten eines anderen haben kann.
Doch mit der Kommunikation zwischen Lebewesen ist es oft nicht weit her. Was ermöglicht Kommunikation? Für einen Informationsaustausch ist es nötig, dass Sender und Empfänger sozusagen »auf einer Wellenlänge« liegen, das heißt, sie müssen sich gegenseitig verstehen können, und der Informationsfluss darf nicht einseitig sein.
Eine funktionierende Kommunikation ist die wichtigste Voraussetzung für gegenseitiges Vertrauen, dies gilt auch für den Umgang mit Pferden.
Menschen, die den Umgang und die Kommunikation mit Pferden nicht ge-

Pferde leben im Herdenverband.

lernt haben, fürchten sich im Allgemeinen vor ihnen, weil sie ihnen nicht vertrauen. Prüfen Sie selbst, wie viel Vertrauen Sie Ihrem Pferd entgegenbringen. Ist es so unerschütterlich, dass Sie den Umgang mit ihm unbeschwert genießen können? Oder sind Sie bei einem Ausritt mit all Ihrer Aufmerksamkeit dabei, eventuelle Gefahren zu entdecken, und versuchen Sie dann die entsprechenden Reaktionen Ihres Pferdes im Keim zu ersticken? Sind Sie schon einmal in eine echte Notsituation mit Ihrem Pferd gekommen, in der Sie ihm blind vertrauen mussten? In wirklichen Notsituationen zeigt sich nämlich, wie tragfähig das gegenseitige Vertrauen ist, wie sehr man sich aufeinander verlassen kann.

Gegenseitiges Vertrauen beim Ausritt ist wichtig. Aber die Ausrüstung von Pferd und Reiter (Kopfschutz!) sollte auch stimmen.

Vertrauen aufbauen

Doch wie baut man gegenseitiges Vertrauen auf? Grundvoraussetzung ist zunächst, dass Reiter und Pferd eine solide Grundausbildung haben. Zu den Fähigkeiten eines Reiters gehört, dass er einen unabhängigen Balancesitz beherrscht, damit er auch bei unvermuteten Bewegungen des Pferdes im Gleichgewicht sitzen kann. Diesen Balancesitz muss er zügelunabhängig ausüben können, damit er in einer Gefahrensituation nicht auf den Gedanken kommt, sich am Zügel festzuhalten. Verfügt der Reiter über diese Sicherheit nicht, kann ihn ein erschrockenes Pferd leicht in Schwierigkeiten bringen.

Darüber hinaus muss der Reiter mit Schenkel-, Zügel- und Gewichtshilfen auf das Pferd einwirken können. Und es ist eine Selbstverständlichkeit, dass der Reiter dem Pferd zuverlässig eine Bewegungsrichtung vorgeben und seine Tempoart bestimmen kann.
Wie der Reiter, so braucht auch das Pferd eine solide Grundausbildung. Es muss unter dem Reiter im Gleichgewicht gehen können und so ausgebildet sein, dass es den reiterlichen Hilfen bereitwillig und zuverlässig Folge leistet.

So wird ein Pferd korrekt geführt.

Vertrauen schenken – Vertrauen erhalten

Wollen Sie, dass Ihr Pferd Ihnen vertraut, müssen Sie ihm ihrerseits Vertrauen schenken. Grundlage dafür ist Verständnis: Es fällt Ihnen mit Sicherheit leichter, Ihr Pferd zu verstehen, wenn Sie etwas über die Lebensbedingungen der Pferde in freier Wildbahn wissen. Pferde sind friedliebende, flüchtende Steppengrasfresser. Sie leben in einem Herdenverband, der jedem einzelnen Pferd ein großes Maß an Sicherheit bietet. Das Leittier einer Herde ist immer eine alte und erfahrene Stute, sie muss aber nicht unbedingt auch die kräftigste sein. Solange die Leitstute keine Beunruhigung zeigt, können die anderen Pferde in

Ruhe schlafen und fressen. Erschrickt ein Pferd, schaut es erst einmal, welche Reaktion das nächst stehende ranghöhere Tier zeigt. Bleibt das ranghöhere Tier ruhig, muss sich das rangniedere auch nicht ängstigen.

Auch ruhige Pferde scheuen oft vor Heißluftballons.

Die Rangordnung klären

Dieses Verhalten können Sie sich im Umgang mit Pferden zunutze machen. Besonders eignet sich dafür die Arbeit an der Hand. Schon mit dem korrekten Führen eines Pferdes kann man zwischen Reiter und Pferd die richtige Rangordnung klar machen. So darf das Pferd den Führer beispielsweise nie überholen, denn er ist der ranghöhere von beiden. Wird der Führer vom Pferd nicht als ranghöher angesehen, versucht das Pferd ihn zu überholen und das Führen artet in ein Wettziehen an Zügel oder Halfterstrick aus, bei dem das Pferd letztendlich aufgrund seiner Kraft immer überlegen sein wird.

Wird der Führer dagegen vom Pferd als ranghöher anerkannt, wird es sich ganz selbstverständlich unterordnen, denn dies entspricht seinem angeborenen Herdenverhalten. Ängstigt sich der Reiter, wird sich diese Angst auf das Pferd übertragen.

Verantwortung übernehmen

Die Position des Ranghöheren ist mit großer Verantwortung verbunden. Der Reiter ist beispielsweise dafür verantwortlich, dass er sein Pferd bei einem Ausritt sicher durch unwegsames Gelände bringt. Er muss die Möglichkeiten seines Pferdes und des Geländes einschätzen können, um kein unnötiges Risiko einzugehen. Jeder Reiter ist für die Sicherheit seines Pferdes und seine eigene verantwortlich.

So darf er ein Pferd weder im Winter über Glatteisplatten führen, noch im Sommer durch ausgeprägten Sumpf, von dem er nicht weiß, wie tief er ist.

Beobachten Sie Ihr Pferd genau, dann werden Sie es besser verstehen.

Er darf das Pferd weder psychisch noch physisch überfordern, und er sollte es auch nicht bestrafen, wenn es sich aufgrund von Überforderung widersetzt. Der Reiter muss für das Pferd jederzeit berechenbar und zuverlässig sein. Nur so wird es ihn als Ranghöheren anerkennen. Wir können das Vertrauen des Pferdes nicht erzwingen, aber wir können es uns durch unser Verhalten und unsere Zuverlässigkeit verdienen. Pferde, die keine schlechten Erfahrungen mit Menschen gemacht haben, fassen schnell Vertrauen zu ihnen. Haben Pferde dagegen schon viele schlechte Erfahrungen mit Menschen gemacht, kann es Jahre dauern, bis sie ihr Misstrauen überwinden. Gelingen kann dies nur mit sehr viel Einfühlungsvermögen und Geduld.

Haben wir uns das Vertrauen eines Pferdes erst einmal verdient, so können auch wir ihm vertrauen. Es wird uns als Leitmensch, beziehungsweise Leitpferd, schätzen und uns gerne folgen. Es wird mit uns durch dick und dünn gehen. Darüber dürfen wir aber nicht vergessen, dass Vertrauen ebenso schnell wieder zerstört werden kann, wenn wir nicht darauf bedacht sind, es zu pflegen. Auch in der Herde muss sich die Leitstute des Vertrauens als würdig erweisen: Macht sie zu viele Fehler, wird sie von einer anderen Stute abgelöst. Setzen Sie einmal gewonnenes Vertrauen also niemals leichtfertig aufs Spiel. Seien Sie sich immer der Verantwortung Ihrem Pferd gegenüber bewusst. Gefährden Sie es nicht, weil Sie sich oder anderen etwas beweisen wollen.

Sie sehen also: Damit Sie Ihr Pferd besser verstehen können und damit Sie sich ihm besser verständlich machen können, müssen Sie sein Sozialverhalten kennen. Denn wenn Sie das natürliche Verhalten des Pferdes und seine ihm eigene Ausdrucksweise verstehen, können Sie auch bald anfangen, sich ihm gegenüber auf verständliche Art und Weise auszudrücken. Sie können von einem Pferd nicht erwarten, dass es denken kann wie ein Mensch, aber Sie können damit beginnen, wie ein Pferd zu denken.

Das Sozialverhalten des Pferdes

Als der Mensch das Pferd domestizierte, übernahm er eine große Verantwortung: Er allein entschied über das Wohlergehen des Tieres, denn das Tier war von diesem Zeitpunkt an auf seine Hilfe angewiesen. Es ist absolut wichtig, dass der Mensch dem Pferd die Anpassung an ein Leben in Unfreiheit erleichtert, damit sich keine Verhaltensstörungen entwickeln. Die Haltungsbedingungen des Pferdes, wie auch seine Behandlung durch den Menschen müssen innerhalb der natürlichen Anpassungsfähigkeit des Tieres liegen. Es reicht deshalb bei weitem nicht aus, wenn wir unserem Pferd nur Schutz, also einen Stall, Auslauf und Futter bieten, es hat darüber hinaus auch ein Recht auf artgerechte Behandlung. Das natürliche Sozialverhalten des Pferdes kann uns dabei helfen, seine Bedürfnisse zu erkennen und zu befriedigen.

Artgerechte Haltung ist die Grundlage für ein gesundes Sozialverhalten.

Was ist Sozialverhalten?

Sozialverhalten bezeichnet das Verhalten der Mitglieder einer Art, das der Erhaltung der jeweiligen Art dient: Es sichert also bessere Überlebens- und Fortpflanzungsmöglichkeiten. Zum Sozialverhalten gehören beispielsweise Aufzucht der Jungen, Sexual-, Kampf- und Aggressionsverhalten, die teilweise stark ritualisiert sind. Jede Tierart hat ein anderes Sozialverhalten entwickelt, um zu überleben. Die Reaktionen und Verhaltensweisen von Tieren sind also nicht willkürlich, sondern haben immer einen Grund. Diesen Grund sollten wir kennen, damit wir angemessen auf das Verhalten reagieren können.

Verhalten kann angeboren, also instinktiv oder erlernt sein. Angeborenes Verhalten müssen wir erkennen, damit wir auf das erworbene Verhalten Einfluss nehmen können. Über unsere Körperkraft können wir nicht auf ein Pferd einwirken. Schon ein Jährling oder ein Pony ist dem stärksten Mann kräftemäßig haushoch überlegen. Würde ein Pferd im Umgang mit uns seine körperliche Kraft einsetzen, hätten wir keinerlei Chance. Wir haben es dem Sozialverhalten des Pferdes zu verdanken, dass es sich durch uns kontrollieren lässt. Um die Kontrolle auszuüben, müssen wir das Verhalten des Pferdes verstehen und selbst völlig konsequent und verständlich für das Pferd darauf reagieren. Nur wenn wir uns auf einer Wellenlänge mit dem Pferd verständigen können, wird es das tun, was wir von ihm erwarten. Reagiert ein Pferd anders, als wir es uns vorstellen, liegt dies meist nicht am Pferd, sondern daran, dass wir uns nicht deutlich genug ausgedrückt haben.

Früher Kontakt zum Fohlen baut Vertrauen auf.

Leben in der Herde

Das Pferd ist ein Herdentier und darf deshalb niemals alleine gehalten werden. Selbst im kleinsten Stall muss es mindestens einen Artgenossen haben, um in einer Miniherde leben zu können. Nur im Notfall, wenn es vorübergehend nicht anders möglich ist, kann man ein Pony, einen Esel oder auch ein Schaf dazu gesellen, doch dies ist für das Pferd immer nur eine Ersatzlösung und sollte deshalb nicht von Dauer sein.

Familiengruppen

Pferde lieben Geselligkeit.

Frei lebende Pferde leben in Familiengruppen zusammen. Nordpferdetypen wie Isländer oder Norweger finden sich zu relativ großen Herden zusammen, die leicht aus 20 Pferden und mehr bestehen können. Südpferdetypen wie Araber, Berber oder Quarter Horses ziehen dagegen kleinere Gruppen vor. Diese kleinen Familiengruppen bestehen meist aus 12–15 Pferden. Außer der Leitstute und dem Hengst befinden sich mehrere Stuten mit ihren Nachkommen in der Herde. Eine solche Familiengruppe ist in ihrer Zusammensetzung sehr stabil. Änderungen ergeben sich zum Beispiel, wenn die Junghengste geschlechtsreif sind und vom Hengst vertrieben werden. Dann schließen sie sich zu so genannten Junggesellenherden zusammen und

durchwandern das ihnen zur Verfügung stehende Gebiet. Diese Junggesellengruppen sind sehr instabil in ihrer Zusammensetzung. Immer wieder wandern Junghengste ab, ziehen alleine weiter, legen sich zwischendurch mit erfahrenen Hengsten an, um ihre Kräfte zu messen oder versuchen einzelne, einsame Stuten einzusammeln und für sich zu gewinnen.

Die Familienbindung ist innerhalb einer Herde sehr groß, unabhängig davon, ob die Tiere frei leben oder nicht. Man kann immer wieder feststellen, dass miteinander verwandte Pferde, die auch zusammen in einer Herde aufgewachsen sind, einen besonders engen Kontakt zueinander pflegen. Selbst wenn sie nach längerer Zeit der Trennung wieder zusammengebracht werden, gliedern sie sich viel schneller in eine bestehende Herde ein als Fremdzugänge. Besonders zwischen Stuten und ihren Töchtern ist eine enge Beziehung zu beobachten.

Im Allgemeinen ist nur ein einziger erwachsener Hengst in einer solchen Familiengruppe zu finden. Der Hengst zeigt sich sehr aggressiv gegenüber anderen erwachsenen, männlichen Tieren, die sich eventuell in die Nähe seiner Stuten und Jungtiere wagen. Außerhalb der Paarungszeit kann es allerdings vorkommen, dass der Hengst etwas lässiger reagiert, ansonsten verteidigt er um seine Herde ein fest umrissenes Gebiet, das absolut nicht von anderen Hengsten betreten werden darf. Wallache ordnet der Hengst ein-

Pferde sind sehr wachsam.

deutig als männlich ein, obwohl sie ihm ja keine Konkurrenz mehr machen können. Wallache kommen in der Natur nicht vor und werden deshalb vom Hengst eindeutig als Konkurrenten betrachtet. Von Zeit zu Zeit wird der Hengst von anderen umherziehenden Hengsten, die eine eigene Stutenherde aufbauen wollen, zum Kampf herausgefordert. Ein erfahrener Hengst wird normalerweise gewinnen, ist er allerdings zu alt oder zu krank, verliert er und der herausfordernde Junghengst übernimmt die Führung. Er wird dann wiederum seine neue Herde anderen Hengsten gegenüber verteidigen müssen. Wie bereits erwähnt, ist das eigentliche Leittier aber die Stute, die bestimmt, wann und wo gefressen oder geruht wird. Selbst der Hengst fügt sich diesem vorgeschriebenen Tagesablauf. Nur wenn sich ein anderer Hengst seinen Stuten nähert, versucht er sie zusammenzutreiben und zu beschützen. Er galoppiert dann mit angelegten Ohren um seine Herde herum und versucht mit Drohgebärden auf den Herausforderer Eindruck zu machen.

Ein einzelnes Pferd ist ein einsames Pferd.

Seinen männlichen Nachkommen gegenüber ist der Hengst sehr intolerant. Mit Eintreten der Geschlechtsreife werden sie von ihm kurzerhand aus der Herde verjagt. Uneinheitlich ist das Verhalten des Hengstes bei seinen eigenen Töchtern. Manchmal ist er auch seinen erwachsenen Töchtern gegenüber intolerant, aber nie so ausgeprägt wie bei den männlichen Tieren.
Es gibt sicherlich hier und da Inzucht innerhalb dieser Familiengruppen, was aber, zumindest für gewisse Zeit, nicht unbedingt von Nachteil sein muss. Außerdem wird der Hengst ja auch irgendwann von einem anderen Hengst abgelöst. Deshalb ist es relativ unwahrscheinlich, dass das Problem der Inzucht zu groß wird.

Merke

- Jedes Pferd braucht mindestens einen Artgenossen.
- Frei lebende Pferde leben in Familiengruppen zusammen.
- Eine Familiengruppe besteht aus der Leitstute, einem Hengst und mehreren Stuten mit ihren Nachkommen.

Ein Beispiel aus der Praxis

Eine besonders enge Bindung zwischen Pferd und Mensch lässt sich bei einer Pferdehaltung am eigenen Haus feststellen. Der Mensch übernimmt hier die Funktion der Leitstute, die bestimmt, wann und wo gefressen wird. Die Pferde werden stark auf die Hauptbezugsperson eingestimmt. In größeren Ställen übernimmt diese Funktion meist derjenige, der die Tiere füttert.
Bei der Fütterung müssen Sie darauf achten, dass das Pferd nicht zu fressen beginnt, bevor Sie ihm die Erlaubnis dazu gegeben haben. Es hat auf Ihr Handzeichen hin vor Ihnen zurückzuweichen, damit Sie ihm ungestört sein Futter vorlegen können.

Fohlen übernehmen den Rangordnungsgrad ihrer Mutter.

Rangordnung

Bei wild lebenden Pferdeherden hat der Hengst neben der Leitstute die höchste Rangstufe. Danach folgen die erwachsenen Stuten, die noch nicht erwachsenen Zweijährigen und zuletzt die Jährlinge. Im Stall rangieren Wallache in der Rangordnung fast ausnahmslos hinter den Stuten. Die Fohlen nehmen eine Sonderstellung ein. Sie werden sozusagen mit dem Rangordnungsgrad ihrer Mutter geboren. Eine Stute wird sicherlich nicht das Fohlen einer anderen Stute bedrohen, aber eine rangniedrige Stute wird dem Fohlen einer ranghöheren Stute nicht einmal den Platz streitig machen. Die Fohlen treten, der Rangordnung ihrer Mutter entsprechend, mehr oder minder selbstbewusst auf. Meistens bleiben sie auch im Erwachsenenalter auf der gleichen oder einer ähnlichen Rangstufe.

Die Unterwerfungsgebärde – ein Friedensangebot

Fohlen zeigen, wie viele Jungtiere anderer Arten auch, eine bestimmte Unterwerfungsgebärde, wenn sie zu ranghöheren Tieren ungezogen waren, um diese schnell wieder zu besänftigen. Von selbstbewussten Fohlen ranghoher Stuten wird dies zum Teil schamlos ausgenützt: Sie ärgern die erwachsenen Pferde, um sie dann umgehend wieder mit einem Fohlenkauen zu beruhigen. Dabei führen sie mit entblößten Schneidezähnen eine Art schnelle Kaubewegung aus. Diese

Unterwerfungsgeste hält ältere Tiere meist davon ab, die Fohlen anzugreifen, in jedem Fall aber ist ihre Reaktion sehr stark abgeschwächt. Es ist eine verblüffend sichere Besänftigungsmethode.

Woran erkennt man die Rangposition?

Pferde müssen oder wollen nicht ständig um ihre Rangposition kämpfen. Das Ranggefüge innerhalb einer festen Gruppe ist relativ stabil. Die Rangposition der einzelnen Tiere kann man beispielsweise am Individualabstand eines jeden Pferdes erkennen. Mit Individualabstand ist der Abstand gemeint, den Pferde zu ihren Artgenossen halten. Eine ranghohe Stute besteht im Allgemeinen auf einem größeren Individualabstand als eine rangniedere Stute. Das heißt, sie hält einfach mehr Abstand zu den sie umgebenden Pferden. Kommt ihr ein anderes Pferd zu nahe, wird sie mit Mimik und Gestik auf ihren Individualabstand pochen. Wird dies vom anderen Pferd ignoriert, bringt sie ihr Missfallen deutlicher zum Ausdruck. Im Allgemeinen beschränkt sie sich dabei auf Drohgebärden, sofern es sich um eine beständige Gruppe handelt.

Jedes Pferd hat seinen persönlichen Individualabstand.

Rangordnungskämpfe und Drohgebärden

Bei solchen Auseinandersetzungen vermeiden es Pferde in der Regel miteinander zu kämpfen. Sie reagieren vielmehr zuerst mit Drohgebärden: Sie legen die Ohren an und zeigen damit dem anderen Pferd ihren Unwillen. Kommt ihnen ihr Artgenosse dennoch zu nahe, drohen sie ein bisschen stärker. Sie entblößen die Zähne und machen mit den blanken, ungeöffneten Vorderzähnen eine Schlagbewegung. Reagiert das andere Pferd auch darauf nicht, schlägt das Pferd mit den gebleckten Zähnen zu, aber immer noch ohne zuzubeißen. Zeigt auch das keinen Erfolg, kann es passieren, dass das Pferd nun wirklich tätlich wird, zubeißt oder mit den Hufen ausschlägt, allerdings auch nur so, dass kein anderes Pferd getroffen wird.

Rangniedere Pferde müssen ranghöheren ausweichen können.

Fremde Pferde integrieren

Wenn neue Tiere zu einer bestehenden Pferdegruppe stoßen, kommt es immer zu Rangordnungskämpfen, denn die neuen Pferde müssen ihren Platz in der Gruppe erst noch finden. Aber auch diese Rangordnungskämpfe beschränken sich normalerweise auf Drohgebärden, sofern die Tiere ein normales Sozialverhalten zeigen. Zwar kann es zu einer Keilerei mit den Hinterhufen kommen, aber

Ein Jungtier wird immer in die Mitte genommen.

das ist unter Pferden völlig normal. Pferde in einer bestehenden Gruppe werden normalerweise nur angedeutet ausschlagen, um den Artgenossen in seine Schranken zu weisen. Fühlt sich ein Pferd durch einen Neuling aber in die Enge gedrängt, kann es leicht zu Auseinandersetzungen mit bösen Verletzungen kommen. Deshalb sollte man fremde Pferde nur in eine Gruppe lassen, wenn genügend Platz zum Ausweichen vorhanden ist. Achten Sie auch darauf, dass es auf dem Gelände keine Ecken gibt, in denen sich ein rangniederes Pferd festlaufen kann. Denn wenn es nicht mehr entkommen kann, reagiert es mit starker Angst. Ein neu hinzugekommenes Pferd muss sich zuerst einmal innerhalb der gesamten Pferdeherde positionieren. Dabei wird es versuchen, den gleichen Status einzunehmen, den es auch in der vorherigen Herde innehatte.

Aus all diesen Gründen sollte es eigentlich selbstverständlich sein, dass man ein neues Pferd nie ohne Eingewöhnungszeit zu einer fremden Pferdegruppe dazustellt. Vielmehr sollte es zuerst einmal in einen benachbarten Stall mit Auslauf gestellt werden, damit es in aller Ruhe über den Zaun hinweg langsam Kontakt zu seinen künftigen Herdenmitgliedern aufnehmen kann. Nach ein paar Tagen kann man es mit einem Pferd, mit dem es sich besonders gut versteht, zusammenbringen, bevor man versucht es in die Herde zu integrieren.

Pferde kennen ihren Platz in der Herde

Jedes Tier weiß jederzeit, wo sich seine ranghöheren Weidegenossen befinden und weicht ihnen normalerweise rechtzeitig aus. Dieses Verhalten geht auf das Leben in der freien Wildbahn zurück, denn bei aufkommender Gefahr war es überlebenswichtig. Erschrickt nämlich ein ranghohes Tier, wird das rangniedere dies sofort erkennen und darauf reagieren.

Die Rangordnung ist keine Belastung, sie bietet Sicherheit

Es ist wichtig, daran zu denken, dass ein rangniederes Pferd nicht unter seiner Position leidet. Im Gegenteil: Es fühlt sich durchaus aufgehoben in seiner Situation und braucht sich um viele Dinge nicht zu kümmern. Es trägt wesentlich weniger Verantwortung als ein ranghohes Pferd. Denn eine hohe Rangstufe bringt ein großes Maß an Verantwortung mit sich. Ranghohe Pferde, allen voran die Leitstute, zeichnen sich durch eine bemerkenswerte Wachsamkeit aus. Sie müssen Gefahren rechtzeitig erkennen und richtig einschätzen, sie bestimmen, wann zu neuen Weidegründen gezogen wird und wohin, und dies sind nur einige der Pflichten, die sie ihrer Herde gegenüber haben. Aus diesem Grund ist es nicht mehr als recht und billig, dass sie an den besten Weideplätzen zuerst grasen dürfen, was sie sicherlich auch brauchen, um ihre Kraftreserven wieder aufzufüllen.

Merke

- Fohlen übernehmen den Rangordnungsgrad ihrer Mutter.
- Pferde haben, je nach ihrer Rangordnung, einen bestimmten Individualabstand.
- In einer festen Gruppe werden Streitigkeiten nur mit Drohgebärden ausgefochten.
- Pferde leiden nicht unter rangniederen Positionen, sondern sie fühlen sich sicher.

Ein streng erhobener Zeigefinger wirkt oft Wunder.

Ein Beispiel aus der Praxis

Der Mensch, der für das Pferd die Leitstute darstellt, sollte prinzipiell darauf achten, dass das Pferd einen ausreichenden Individualabstand zu ihm einhält. Das heißt, das Pferd darf ihn weder anrempeln, noch ihm auf die Füße treten, sondern es soll einen angemessenen Abstand zu ihm wahren. Geht er frontal auf das Pferd zu, so hat es auszuweichen. Weicht es auch dann nicht zurück, wenn der Reiter forsch auf es zugeht, kann er seine ranghöhere Position dadurch verstärken, dass er mit einer kräftigen Armbewegung versucht, das Pferd zu verscheuchen. Zeigt dies noch keine ausreichende Wirkung, kann auch ein Klaps auf die Nase des Pferdes notwendig sein.

Kommunikation

Unter Kommunikation versteht man den Austausch von Botschaften. Damit Kommunikation funktioniert, braucht man einen Absender, einen Empfänger und ein Signal. Absender und Empfänger müssen sozusagen auf einer »Wellenlänge liegen«, sie müssen die gleiche Sprache sprechen, damit sie sich gegenseitig verstehen.

Signale können sehr unterschiedlich sein: Es gibt akustische, optische, haptische oder olfaktorische Signale, denkt man an außersinnliche Wahrnehmung, so kann auch ein Gedanke ein Signal sein.

Gutes Miteinander erfordert Zeit.

Verhalten ist Kommunikation

Im Grunde genommen hat jedes Verhalten letztendlich kommunikativen Charakter, denn eine Information kann bewusst, aber natürlich auch unbewusst übermittelt werden. Telefonieren wir zum Beispiel, kann ein Mensch, der uns durch eine Glasscheibe beobachtet, wahrnehmen, ob uns das Telefongespräch, das wir führen, freudig stimmt oder verärgert, auch wenn wir ihm dies nicht ausdrücklich mitteilen. Natürlich gilt das auch für unseren Gesprächspartner, der uns ja nicht sehen kann.

Die Kommunikation mit einem Tier oder zwischen Tieren verläuft nicht anders als zwischen Menschen. Je länger und damit meist auch besser man ein Tier kennt, desto selbstverständlicher kann man seine verschiedenen Stimmungen wahrnehmen. Solche Stimmungen können sich durch eindeutige Signale, wie zum Beispiel das Ohrenanlegen ausdrücken. Zum Teil sind es allerdings nur kleine Muskelanspannungen, die eine Veränderung anzeigen. Vor allem Tiere reagieren auf solche Signale sehr direkt. Gerade Pferde und Hunde nehmen kleinste Veränderungen beim Menschen wahr und reagieren darauf. Aber auch der Mensch kann lernen, kleinste Signale des Tieres zu erkennen.

Gegenseitige Fellpflege: Die Pferde beknabbern sich.

Gerüche liefern Informationen

Selbst der Geruchssinn dient der Kommunikation, denken Sie nur an das Sexualverhalten oder an den speziellen Herdengeruch von Pferden. Beim Sexualverhalten prüft der Geruchssinn die Paarungsbereitschaft. Eine Stute erkennt ihr Fohlen an seinem Geruch. Ähnlich wie Hunde beriechen auch Pferde fremde Kothaufen ausgiebigst. Denn Pferde, vor allem Hengste, setzen wie Hunde Duftmarken ab. Hengste neigen dazu, auf andere Kothaufen zu äpfeln, um ihren eigenen Geruch darüber zu setzen.
Pferde nehmen gerne ganz bestimmte, feste Wälzplätze an, die dann nach der ganzen Pferdegruppe riechen. Auch auf gemeinsamen Liegeplätzen entfaltet sich ein Gruppengeruch. Durch diese Duftmarken werden Reviergrenzen gekennzeichnet. Wilde Pferde leben in markierten Revieren, auch wenn sich ihre Reviere zum Teil überschneiden können. Scheuerstellen gehören übrigens auch zu den Markierungen eines Reviers.

Fohlen suchen Körperkontakt.

Tast- und Geschmackssinn – Gefühle ausdrücken

Tast- und Geschmackssinn dienen der Kommunikation, u. a. bei der Sozialpflege, beim Beknabbern. Pferde geben sich gerne hingebungsvoll der gegenseitigen Fellpflege hin, sie ist wichtig für den Aufbau von Beziehungen zwischen einzelnen Herdenmitgliedern.

Der Tastsinn ist in der Kommunikation natürlich besonders wichtig beim Sexualverhalten und bei der Stute im Umgang mit ihrem Fohlen. Ein Fohlen hält intensiven Tastkontakt zu seiner Mutter, später auch zu den anderen Herdenmitgliedern. Die Fohlen rennen nach dem Spiel mit ihren Artgenossen zu ihrer Mutter zurück, um sich an ihr zu reiben. Auch stecken sie gerne schutzbedürftig ihre Nasen unter den Schweif der Mutter oder ihrer erwachsenen Freunde. Pferde im Herdenkontakt, vor allem rangähnliche, berühren sich sehr häufig untereinander. Auch bei der Kommunikation zwischen Mensch und Pferd spielt die Berührung eine große Rolle. Dabei sollten Sie immer darauf achten, dass Sie vom Pferd als ranghöher eingestuft und nicht von ihm durch die Gegend geschubst werden. Ein Pferd kann sich in seiner Berührungsintensität durchaus auf den Menschen einstellen.

Wenn Sie ein Pferd pferdegerecht begrüßen wollen, dann blasen Sie leicht in seine Nüstern oder krabbeln es mit den Fingerspitzen am Hals, genauso, wie es die Stute mit ihrem Fohlen macht. Dies erzeugt ein ausgesprochen gutes Vertrauensverhältnis zwischen Pferd und Mensch. Die Sensibilität eines Pferdes auf Berührung ist immens groß. Dies sehen wir bei gut ausgebildeten Dressurpferden oder guten Westernpferden, die auch ohne Gebiss, nur auf eine leichte Gewichtsverlagerung und kleinste Schenkelhilfen hin, wendige Manöver ausführen können. Man kann dies auch beobachten, wenn sich eine kleine Fliege auf das Fell des Pferdes setzt, die dann umgehend durch ein Muskelzucken verscheucht wird.

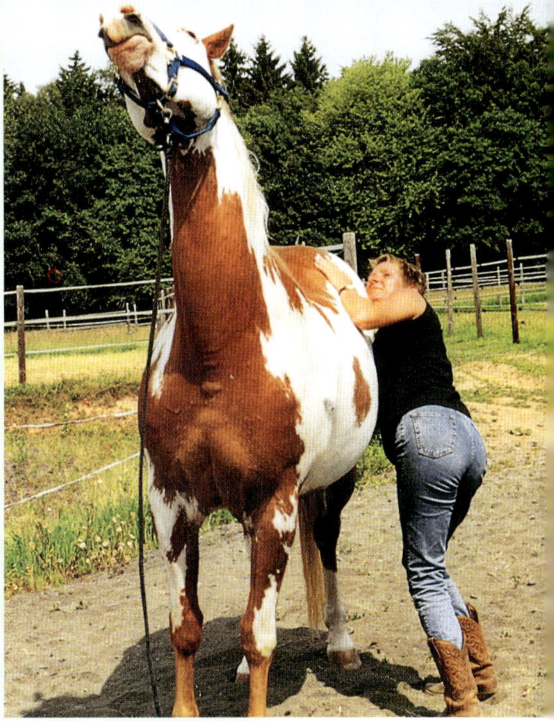

Sozialpflege zwischen Mensch und Pferd.

Das Ohr – Trichter für akustische Reize

Nicht zuletzt ist für die Kommunikation das Gehör von großer Wichtigkeit. Pferde verfügen über eine breite Palette verschiedener Laute. Sie können schnarchen, schnauben, prusten, seufzen, husten, grummeln, quietschen und vieles mehr. Es ist wirklich interessant, die Bedeutung dieser unterschiedlichen Laute herauszufinden und festzustellen, wie Artgenossen darauf reagieren. Manche Geräusche dienen eindeutig der Äußerung des eigenen Wohlbefindens, andere drücken offensichtlich Missmut aus. Laute können aber auch Übermut oder eine Spielaufforderung an andere Pferde bedeuten. Wenn Sie mit Pferden zusammenleben und versuchen, sie zu verstehen, wissen Sie mit der Zeit genau, was welches Pferd gerade an Stimmungslauten von sich gegeben hat, ohne dass Sie es sehen müssen. Manchmal machen Pferde, die eingesperrt und ohne Sichtkontakt von anderen gehalten werden, absichtlich Lärm in ihrer Box, um Verbindung mit ihren Artgenossen aufzunehmen.

Lässt man sich wirklich auf Pferde ein, stellt man fest, dass sie mit ihren Lautäußerungen einem inneren Gefühlsempfinden Ausdruck verleihen. Die Ereignisse, die einzelne Gefühlszustände hervorrufen, können ganz unterschiedlicher Natur sein. Will man die eigentlichen Ursachen für diesen Zustand ergründen, reicht es nicht aus, die Lautäußerung zu beachten, man muss auch zusätzliche Kommunikationssignale berücksichtigen.

Sehen und gesehen werden

Auch die visuelle Kommunikation spielt eine große Rolle im Leben eines Pferdes, sie ist bei ihm wesentlich stärker ausgeprägt als beim Menschen, der sich eher verbal mitteilt. Pferde beobachten ihre Umgebung ständig und achten unablässig auf Mienen- und Ohrenspiel ihrer Artgenossen.

Typisches Imponiergehabe.

Die Körperhaltung – Ausdruck der Befindlichkeit

Bei der visuellen Kommunikation spielt nicht nur das Mienen- und Ohrenspiel eine Rolle, sondern die gesamte Körperhaltung. Der komplette Spannungszustand eines Pferdes drückt sich darin aus. Je nach Erregungszustand zeigt das Pferd eine stärkere oder schwächere körperliche Anspannung. Steigt die Erregung, gehen Kopf und Schweifrübe nach oben, wie zum Beispiel beim Imponiergehabe. Speziell der Araber zeigt dies in einer starken Ausprägung.

Die Erregung selbst kann ganz unterschiedliche Ursachen haben, sie kann Ausdruck von Sexualität, Aggression oder auch Furcht sein. Das Pferd ist ein Bewegungs- und Fluchttier. Passiert etwas Interessantes oder Beunruhigendes in der Umgebung, steigt sein Erregungspotenzial und damit auch die Reaktionsbereitschaft. Fühlen Pferde sich dagegen ruhig und sicher, stehen sie völlig gelöst mit tief hängendem Kopf und Schweif da.

Ausgeprägtes Mienenspiel

Pferde haben ein ausgeprägtes Mienenspiel. Selbst Lippen und Kinn sind sehr beweglich. Auch hier steigt die Spannung mit dem Erregungszustand. Bei gesteigertem Interesse ist das Kinn angespannt und die Ohren sind aufmerksam nach vorn gerichtet. Kopf und Augen wenden sich dem interessanten Objekt zu. Aufmerksame Pferde zeigen ein bewegtes Ohrenspiel. Unsicherheit dagegen wird oftmals von Kopfschütteln oder auch Schweifschlagen begleitet. Schweifschlagen kann auch eine leichte Spannung, Verärgerung oder Frust bedeuten. Schlägt das Pferd mit dem Schweif während man es reitet, zeugt dies von Widerstand und Unzufriedenheit. Natürlich schlägt ein Pferd auch mit dem Schweif, um Fliegen zu verjagen, aber dieses Schweifschlagen wirkt vergleichsweise ruhig und gelassen.

Angespannte Kinn- und Maulpartie.

Entspannte Kinn- und Maulpartie.

Ein entspanntes oder auch schläfriges Pferd hält das Auge halb geschlossen, Nüstern, Kinn und Maulpartie sind entspannt. Bei einem interessierten Pferd sind die Augen dagegen weit offen, Kinn- und Maulpartie entsprechend angespannt. Auch die Nüstern machen einen gespannten Eindruck. Bei weiter gesteigertem Interesse wendet das Pferd den Kopf in Richtung des auslösenden Reizes und spitzt die Ohren in die entsprechende Richtung. Die Oberlippe wird in dem Maße fester angespannt, in dem das Pferd sich für eine Sache interessiert.

Maul- und Nüsternpartie eines Pferdes sind außerordentlich beweglich. In Erwartung des Futters lassen viele Pferde ihre Unterlippe geradezu fallen. Auch beim Niesen und Schnauben lässt sich gut beobachten, wie weit die Nüsternpartie vom Pferd seitlich bewegt werden kann.

Das Pferd versteht den Menschen

Das Pferd kann den Gefühlszustand eines Menschen sehr gut wahrnehmen, denn auch er drückt seine Empfindungen unbewusst durch Mimik und Körperhaltung aus. Aufgrund seiner natürlichen Veranlagung kann ein Pferd die Gefühle eines Menschen leichter erkennen, als umgekehrt. So weiß ein Pferd genau, ob ein

Mensch Angst vor ihm hat, ob er schlecht gelaunt oder unaufmerksam ist. Das Pferd wird sich ihm gegenüber entsprechend verhalten, je nachdem, welche Rangordnung der Mensch für das Tier einnimmt.

Emotionen übertragen sich

Emotionen übertragen sich leicht. Das erfahren wir Menschen im Umgang mit unseren Artgenossen beinahe täglich. Wenn unser Partner gut oder schlecht gelaunt ist, färbt das früher oder später auch auf uns ab. So ist das auch mit dem Partner Pferd. Haben Sie Angst vor irgendeinem Hindernis, hat es das Pferd erst recht. Denn wenn schon sein höherstehendes Alphatier davor Angst hat, muss es ja einen Grund dafür geben.

Wenn Sie glaubwürdig sein wollen, sollten Sie sich immer so benehmen, wie Sie sich auch wirklich fühlen, nicht nur Ihrem Pferd gegenüber. Sind Sie einmal schlecht gelaunt, sollten Sie lieber auf einen Ritt verzichten, oder die Arbeit darauf abstimmen, also sich nur leichte Übungen vornehmen.

Menschen kann man mit gespieltem Verhalten leichter betrügen als Tiere. Tiere, vor allem Pferde, haben eine so ausgeprägte Intuition, dass man gar nicht erst versuchen sollte, sie hinters Licht zu führen. Tiere bleiben sich selbst immer treu, sie machen uns nichts vor.

Angstfreies Reiten mit Halsring.

Merke

- Pferde widmen sich gerne der gegenseitigen Fellpflege, dies ist wichtig für den Aufbau von Beziehungen einzelner Herdenmitglieder untereinander.
- Fohlen halten einen intensiven Tastkontakt zu ihrer Mutter.
- Pferde blasen sich zur Begrüßung leicht in die Nüstern.
- Pferde kennen viele Lautäußerungen: Sie schnarchen, schnauben, prusten, seufzen, husten, grummeln und quietschen.
- Pferde beobachten ständig das Mienen- und Ohrenspiel ihrer Artgenossen.
- Sie sollten sich auch durch Einsatz der Körpersprache mit Ihrem Pferd verständigen.

Körpersprache bewusst einsetzen

Sie können sich durchaus bewusst der Körpersprache bedienen, um mit einem Pferd zu kommunizieren. Wenn Sie zum Beispiel ein Pferd zu sich rufen wollen, dürfen Sie keinesfalls mit Ihrer Vorderseite, also frontal auf das Pferd zugehen, denn dann müsste das Pferd als der Rangniedere vor Ihnen zurückweichen. Wollen Sie ein Pferd einfangen, also auf es zugehen, um es zum Beispiel aufzuhalftern, dann müssen Sie mit Ihrer Schmalseite, also seitlich, langsam auf das Pferd zutreten, damit Sie es nicht zum Fortlaufen animieren.
Natürlich spielt es auch eine Rolle, wie und in welcher Lautstärke Sie mit Ihrem Pferd reden. Es ist nicht verwunderlich, wenn ein Pferd, das Sie anbrüllen, wegläuft. Sie würden das sicherlich auch tun, oder nicht?
Machen Sie sich das normale Sozialverhalten der Pferde zunutze, dann können Sie sich einfach, aber wirkungsvoll mit ihnen verständigen. Mit der Zeit kann ein Pferdehalter fast genauso sensibel werden wie ein Pferd. Dies ist natürlich besonders nützlich beim Reiten. Ein sensibler Reiter verspürt nämlich auch minimalste Muskelanspan-

Pferde lieben gemeinsame Wälzplätze.

nungen beim Pferd und kann mit ebenso geringen Anspannungen darauf reagieren, bevor das Pferd noch sichtbar irgendeinen Ungehorsam zeigt. Ein Außenstehender wird weder die Reaktion beim Pferd noch beim Reiter sehen können. So macht Reiten erst wirklich Spaß. Denn so entsteht eine perfekte Kommunikation zwischen Pferd und Mensch und ein Gefühl von völliger Harmonie.

Ein Beispiel aus der Praxis

Pferde sind in der Lage, auch unsere kleinsten Signale wahrzunehmen. Mit der Schnelligkeit unserer Bewegungen teilen wir dem Pferd unseren eigenen Erregungszustand mit, dieser wiederum überträgt sich auf das Pferd. Gehen wir hektisch mit einem Pferd um, wird es ebenfalls hektisch reagieren. Verhalten wir uns gelassen, wird sich diese Ruhe auch auf das Pferd übertragen. Eine tiefe Stimmlage wirkt beruhigend auf das Pferd, wogegen schrille, womöglich auch noch laute Töne das Pferd vertreiben.

Freundschaften

Pferde bauen feste und lang andauernde Freundschaften untereinander auf, wobei die Familienbande eine große Rolle spielen. Aber auch außerhalb der Familienzugehörigkeit kann es innige Freundschaften geben. Beziehungen zwischen Pferden sind ähnlich komplex wie die zwischen Menschen. Sie sind eventuell nur etwas eingeschränkt durch die jeweilige Ranghöhe der Pferde.

Die meisten domestizierten Pferde haben leider oft nur noch die Gelegenheit, Beziehungen zu nicht mit ihnen verwandten Artgenossen aufzubauen, da Pferde in Gefangenschaft meist nicht mehr in Familiengruppen gehalten werden.

Bei Pferden im Herdenverband kann man beobachten, welche Tiere besonders gut befreundet sind, denn sie stehen öfter und näher zusammen als mit anderen Artgenossen, fressen zusammen und beknabbern sich häufig gegenseitig bei der Fellpflege.

Eindeutig freundlich gesonnen.

Eine Frage der Kinderstube

Werden Fohlen, die im Herdenverband mit Wallachen aufwachsen, im Alter von vier bis sechs Wochen allmählich selbstständiger, halten es die Stuten nicht mehr für notwendig, die Fohlen dauernd um sich zu haben. Meist findet sich dann ein Kinderonkel unter den älteren Wallachen, der die Betreuung der Jungtiere übernimmt. Dieser gutmütige Kinderonkel sorgt sich um die Kleinen, spielt mit ihnen und erzieht sie so ganz nebenbei. Daraus entwickelt sich oft eine tiefe Freundschaft, die ein ganzes Leben lang halten kann und meist enger ist als die Verbindung zur eigenen Mutter.

In der Natur wachsen weder Fohlen noch Jungtiere unter sich auf, wie es oft bei unseren in Gefangenschaft gehaltenen

Pferden der Fall ist. Wachsen die meist schon viel zu früh abgesetzten Fohlen in Stuten- und Hengstkoppeln auf, entwickeln sie sich zu ungezogenen Jungtieren.

In der freien Natur dagegen wächst ein Jungtier immer innerhalb einer Familiengruppe auf, in der es zwar im Allgemeinen Halbgeschwister im gleichen Alter gibt, mit denen es toben kann, aber auch jede Menge erwachsene Pferde, die den Halbwüchsigen deutlich ihre Grenzen aufzeigen. Deshalb zeigen Pferde, die in ihrer Jugend in einer altersmäßig gemischten Gruppe aufgewachsen sind, ein völlig normales Sozialverhalten. Sie benehmen sich anderen Pferden gegenüber absolut korrekt, und sie lernen auch schnell, den Menschen als Ranghöheren zu akzeptieren. Darüber hinaus sind sie in der Lage, zum Menschen eine enge Freundschaft aufzubauen.

Pferde sollten innerhalb von Familiengruppen aufwachsen.

Ein Beispiel aus der Praxis

Um ein besonders gutes Vertrauensverhältnis zu einem Pferd aufzubauen, krabbelt man es am Hals, wie es eine Stute mit ihrem Fohlen machen würde. Um es zu beruhigen und ihm mehr Sicherheit zu geben, kann man, sofern es die Größe des Pferdes zulässt, auch einen Arm über den Hals des Pferdes legen und es auf der anderen Seite des Halses krabbeln. Stuten beruhigen auf diese Weise ihre Fohlen, indem sie Kopf und Hals über den Hals des Fohlens legen.

Aggressionen

Werden Pferde nicht artgerecht gehalten, können sie keine Beziehungen untereinander herstellen. Man sieht bei ihnen dann nur noch Dominanzverhalten oder Aggressivität, bestenfalls unterschiedlich geartete Freundlichkeit. Die Ursache dafür liegt in einem gestörten Sozialverhalten.

Kommt ein Pferd aus jahrelanger Boxenhaltung, ist es in seinem Sozialverhalten gestört. Ein solches Pferd wird sich anderen Artgenossen entweder ängstlicher oder aggressiver nähern, als dies normalerweise der Fall wäre. Die üblichen Mechanismen der Verständigung untereinander funktionieren nicht mehr einwandfrei. Innerhalb einer Gruppe lernen solche Pferde jedoch sehr schnell wieder dazu. Gliedert man diese Pferde in eine neue Gruppe ein, sollte keines der Pferde Hufeisen tragen, damit es bei Missverständnissen nicht zu Verletzungen kommt. Normalerweise geschieht es äußerst selten, dass ein Pferd ein anderes »verprügelt«. Es wird sich mit Drohgebärden begnügen, um das andere Pferd in einem angemessenen Abstand zu halten. Pferde verstehen diese Gebärden sehr gut. Falls ein Pferd sich in diesem Fall dennoch nähert, dann nur so vorsichtig, dass es schnell genug wieder ausweichen kann, wenn das andere Pferd seine Drohung in die Tat umsetzen sollte. Deshalb sollte in einer Anlage immer genug Platz zum Ausweichen vorhanden sein.

Typisches Dominanzverhalten.

Kommt ein Pferd neu in eine Herde, muss es sich allerdings erst einmal in der Rangordnung positionieren. Dabei kann durchaus auch über reine Drohgebärden hinausgegangen werden, vor allen Dingen, wenn sich zwei selbstbewusste Pferde gegenüberstehen.

Kämpfe zwischen Rivalen

Am stärksten ausgeprägt erlebt man Aggressivität bei rivalisierenden Pferden. Diese Rivalenkämpfe laufen sehr stark ritualisiert ab. Bevor es zum Kampf kommt, stellen sich die Hengste einander gegenüber auf und versuchen sich gegenseitig zu imponieren. Ihre Imponierhaltung drückt sich durch den stark nach oben gewölbten Hals, den angehobenen Schweif und die insgesamt äußerst stark angespannte Haltung aus. Danach versuchen sie, sich gegenseitig in der Bewegung zu imponieren, meist im Trab mit hoher Knieaktion, dem sogenannten Imponiertrab. Dann beginnen sie, sich vorsichtig zu beschnuppern, wobei sie schrill wiehern und mit den Vorderbeinen ausschlagen. All dies gehört noch zum Imponiergehabe.

Hengste schlagen beim Kampf oft mit den Vorderbeinen.

Sollte sich ein Hengst unterlegen fühlen, hat er jetzt noch die Möglichkeit, sich zurückzuziehen. Wenn der eigentliche Kampf beginnt, bedrohen sich die Hengste gegenseitig mit tiefem Kopf und angelegten Ohren und umkreisen sich dabei ständig. Sie erheben sich auf die Hinterbeine und schlagen mit den Vorderbeinen, wobei sie auch versuchen, den Gegner zu treffen. Manchmal umfassen sie sich dabei mit den Vorderbeinen und beißen sich gegenseitig in den Hals. Auch wenn sie nicht steigen, versuchen sie, sich gegenseitig in Hals, Schulter, Vorderbeine oder die Brust zu beißen. Flüchtet der Rivale, versucht der andere, ihn in die Hinterbeine zu zwicken.
Manchmal lassen sich die Hengste auch auf die Vorderfußwurzelgelenke nieder und schlagen mit dem Hals, wobei sie versuchen, sich gegenseitig zu beißen. Oder sie drehen sich schnell um und schlagen nach hinten aus, um den Gegner zu treffen. Der Verlierer versucht sich durch Flucht zu entziehen, wobei er nach hinten ausschlägt, um den Bissen seines Rivalen zu entgehen.
Dies sind die typischen fortpflanzungsbedingten Rivalenkämpfe, wie sie in der Hauptsache zwischen frei lebenden Hengsten bei der Verteidigung ihrer Stutenherde vorkommen. Die umherstreunenden Junghengste testen so auch untereinander spielerisch ihren Mut und ihre Stärke.

Beißdrohung.

Kleinere Kabbeleien

Neben diesen ernsthaften Rivalenkämpfen gibt es eine Vielzahl abge-

schwächter Aggressionsformen. Sie reichen vom leichten Drohen mit angelegten Ohren bis hin zum Beißen und Ausschlagen mit der Hinterhand.
Innerhalb einer Gruppe mit geklärter Rangordnung reicht es meist aus, wenn ein ranghohes Tier ein rangniederes mit angelegten Ohren bedroht. Daraufhin weicht das rangniedere Tier aus. Sollte dies nicht genügen, wird zuerst nur mit einem möglichen Beißen oder Schlagen gedroht. Die Beißdrohung richtet sich vorwiegend gegen den Hals des anderen Pferdes. Dabei werden die Lippen von den Schneidezähnen gezogen und mit den gebleckten Zähnen geschlagen, nicht gebissen.
Bei der Schlagdrohung mit den Hufen setzt das Pferd zum Ausschlagen an, indem es hinten ein Bein hebt und zum Ausschlagen ansetzt oder nur hoch hüpft, die Beine dabei aber unter dem Bauch lässt. Nur wenn diese Drohungen nicht den gewünschten Erfolg zeigen, wird ernsthaft gebissen oder geschlagen. Zunächst wird das andere Pferd aber einfach nur angerempelt, um es zum Beispiel von dem geliebten Futter- oder Wasserplatz zu vertreiben.
Zu neuen Kämpfen bezüglich der Rangordnung kommt es im Allgemeinen nur, wenn neue Herdenmitglieder aufgenommen werden sollen oder wenn die Jungstuten erwachsen werden und in der Rangordnung aufsteigen. Dann versuchen sie, mit älteren Stuten um einen höheren Platz zu kämpfen. Allerdings werden auch diese Kämpfe nur mit Drohgebärden ausgefochten.

Fohlenkauen

Bei der Unterwerfungsgebärde des Jungpferdes wird der Hals vorgestreckt, die Maulwinkel werden hochgezogen. Das Pferd öffnet und schließt das Maul, es führt dabei eine angedeutete Kaubewegung aus. Selbst Hengste erkennen dies eindeutig als Unterlegenheitsgeste an und reagieren statt mit Kampf nur mit leichten Drohungen.

Dürfen Hengste gemeinsam auf die Koppel?

Es ist durchaus möglich, Hengste, die aneinander gewöhnt sind, zusammen auf eine Koppel zu stellen, ohne dass sie Streit miteinander bekommen. Dies gilt auch für Wallache, die von Hengsten ja als männliche Artgenossen und damit als Konkurrenten wahrgenommen werden. Kommen allerdings Stuten dazu, oder sind sie nur auf der Nachbarkoppel, aber in Riechweite, wird es mit Sicherheit böses Blut geben und dann kann es zu bösen Hengstkämpfen kommen.

Wer ist ranghöher?

Ähnlich vorsichtig muss man auch mit Reithengsten sein. Gut erzogene Reithengste wissen zwar, dass sie sich unter dem Sattel nicht um andere Pferde zu kümmern haben. Dennoch kann es vorkommen, dass ein Hengst, selbst ein gut erzogener, auf einem Ausritt überraschend versucht, den neben ihm laufenden Wallach zu beißen oder einer rossigen Stute den Hof zu machen.

Hengst oder Wallach?

Aus diesem Grund sollte man kritisch abwägen, ob man einen Hengst wirklich als Hengst behalten muss, wenn er nicht zur Zucht eingesetzt werden soll. Es gibt bei uns in Deutschland nur sehr wenige artgerecht gehaltene Hengste. Ist es schon nicht einfach, Stuten und Wallache artgerecht unterzubringen, so ist es fast unmöglich einen Hengst artgerecht zu halten.

Glücklich können schon jene Hengste sein, die zumindest jeden Tag alleine im Auslauf auf einer Hengstkoppel stehen dürfen. Aber artgerecht ist auch diese Haltungsweise nicht. Die einzig wirklich artgerechte Haltung für einen Hengst wäre die eigene Stutenherde.
Viele Menschen meinen, mit der Haltung eines Hengstes ihr Selbstbewusstsein aufpolieren zu können, ähnlich wie dies bei der Haltung von Kampfhunden zu beobachten ist. Man stößt immer wieder auf Unverständnis, wenn man einen, vielleicht auch noch bildhübschen, Hengst mit sehr guter Abstammung kastrieren lassen will. Meine persönliche Meinung dazu: Lieber ein glücklicher, artgerecht gehaltener Wallach, als ein unglücklicher, aber schöner Hengst.

Gewonnen! Der Gegner weicht aus.

Merke

- Beim Eingliedern eines Pferdes in eine ihm unbekannte Herde kann es zu ernsthaften Streitereien kommen.
- Echte Rivalitätskämpfe kommen nur bei Hengsten vor.
- Innerhalb einer bestehenden Herde kommt es im Allgemeinen nur zu Rangordnungskämpfen.
- Lieber ein glücklicher, artgerecht gehaltener Wallach, als ein unglücklicher, aber schöner Hengst.

Ein Beispiel aus der Praxis

Pferde sind in der Lage, selbst unsere unterschwelligsten Stimmungen anhand kleinster Veränderungen in unserem Verhalten, wie zum Beispiel eine minimale Abweichung in unserer Mimik oder in unserem Muskeltonus zu bemerken. Haben wir uns also beispielsweise in der Arbeit oder über unseren Partner geärgert, dürfen wir diesen Frust nicht mit zum Pferd nehmen. Unsere schlechte Stimmung würde sich sofort auf das Pferd übertragen. Machen Sie deshalb besser eine Entspannungspause, bevor Sie zum Pferd gehen, damit Sie ihm ausgeruht und ausgeglichen gegenübertreten können.

Der Mensch muss für das Pferd immer berechenbar sein. Das heißt, er muss konsequent agieren. Er darf dem Pferd nicht eine Ungehorsamkeit durchgehen lassen, weil er gerade gut gelaunt ist und das nächste Mal nicht, weil er schlecht gelaunt ist. Das heißt, der Mensch muss in der gleichen Situation zuverlässig und gerecht immer gleich für das Pferd reagieren, damit es sich auf sein Verhalten verlassen kann. Die kleinste Gereiztheit von uns wird sofort vom Pferd bemerkt. Auch wenn wir in Gedanken woanders sind, wird es dem Pferd ebenso ergehen. Es bemerkt unsere Unaufmerksamkeit und hält es nicht für nötig, sich auf uns zu konzentrieren.

Kampfspiel unter Hengsten.

Ruhepausen müssen sein

Dem Fressen folgen Ausruhen und Schlafen, insgesamt dauern diese Ruhephasen sieben bis acht Stunden und sind über den Tag verteilt. Die Intensität der Ruhepausen ist sehr unterschiedlich.

Ein kurzes Nickerchen

Dösen die Pferde im Stehen, sind sie völlig entspannt, indem sie nur ein Hinterbein belasten und das andere angewinkelt mit der Hufspitze auf den Boden stellen. Möglich wird dies durch die spezielle Konstruktion von Muskeln und Knochen der Hintergliedmaßen, bei der eine Verschiebung der Kniescheibe über einen Knochenvorsprung ausreicht, um das ganze Bein passiv zu versteifen und ohne jede Muskelanstrengung ruhig zu stellen. Durch diesen Trick ist das Pferd in der Lage, sein ganzes Gewicht auf einem Hinterbein tragen zu können, ohne sich dabei anzustrengen, während sich das andere Bein entspannen kann. Der Hals ist ebenfalls entspannt und leicht nach unten geneigt, die Augen sind halb geschlossen und die Unterlippe hängt lose herab. Diese Haltung wird nur für kurze Ruhepausen eingenommen. Richtig schlafen können Pferde in dieser Haltung allerdings nicht.

Spezielle Ruhestellung des Hinterbeins.

Für den leichten Schlaf

Bei der nächsten Stufe des Ruhens liegt das Pferd in Bauchlage auf dem Boden. Die Vorderbeine sind unter den Körper gezogen, die Hinterbeine berühren den Bauch. Beim Dösen hält das Pferd den Kopf noch aufrecht, wobei man beobachten kann, dass bei steigendem Ruhebedürfnis und gleichzeitig ruhiger Umgebung der Kopf immer schwerer wird, bis er auf einem Vorderbein aufgestützt wird. Das Pferd fällt in einen leichten Schlaf.
Diese Bauchlage ist die häufigste Schlafstellung für erwachsene Pferde. Sie ermöglicht bei Gefahr ein schnelles Aufspringen. Ein ranghohes Pferd der Herde bleibt stehen und bewacht den Schlaf der anderen Pferde, damit es bei auftretender Gefahr rechtzeitig Alarm geben kann.

Ruhen in Bauchlage.

Junge Tiere brauchen viel Schlaf

Anders sieht es bei Fohlen und Jungtieren aus. Sie brauchen wesentlich mehr Schlaf als erwachsene Pferde. Während des Tages legen sie sich häufig hin, strecken sich dabei völlig auf die Seite aus und versinken in einen tiefen Schlaf. Die Mutter oder ein anderes erwachsenes Tier bleibt neben den Jungtieren stehen und bewacht sie. Sehr selten legen sich auch erwachsene Tiere in diese Seitenlage. Dazu müssen sie sich völlig sicher fühlen und dies kommt im Allgemeinen nur bei rangniederen Pferden vor.

Eine ranghohe Stute wird es kaum wagen, sich in diese Position zu begeben, weil sie zu lange brauchen würde, um in die Höhe zu springen.

Schlafplätze

Pferde in freier Wildbahn haben bevorzugte Weide-, Kot- und auch Schlafplätze. Bleibt ihnen die Wahl, legen sie sich zum Schlafen selten ins Gras. Sie favorisieren trockenen, weichen Boden, möglichst ohne Dach über dem Kopf und auf einer leichten Anhöhe, um den Überblick zu behalten. Deshalb sollte man einen Bewegungsstall im Ruhebereich mit sauberen, trockenen Sägespänen oder Sägemehl einstreuen. Im Freien kann man für die Pferde zum Beispiel einen Strohplatz einrichten, der täglich mit frischem Stroh beschickt wird. Sofern es nicht in Strömen regnet, werden die Pferde auf dem Strohplatz unter freiem Himmel schlafen, selbst bei Minusgraden im Winter. Nur bei nasskaltem Wetter ziehen es die meisten Pferde vor, auf Sägespänen zu schlafen.

Auch im Sommer, wenn die Pferde auf der Koppel stehen, wo sie unter Bäumen schlafen könnten, ziehen sie normalerweise mit Stroh bestückte Plätze zum Schlafen vor. Dabei bleibt immer ein ranghohes Pferd stehen, um aufzupassen und im Fall einer Gefahr das Signal zum Aufstehen und Aufbruch zu geben.

Merke

- Pferde können im Stehen nur dösen, aber nicht richtig schlafen.
- Fohlen und Jungtiere brauchen wesentlich mehr Schlaf als erwachsene Pferde.
- Kann sich das Pferd seinen Schlafplatz selbst aussuchen, dann hat er einen weichen Untergrund, kein Dach und liegt auf einer leichten Anhöhe, damit das Gelände überblickt werden kann.

Ein Pferd bleibt immer als Aufpasser stehen.

Ein Beispiel aus der Praxis

Pferde fühlen sich als Fluchttiere sehr schnell gestört. Sollte ein Pferd liegen bleiben, wenn Sie sich ihm nähern, ist dies ein sehr großer Vertrauensbeweis. Gehen Sie in jedem Fall langsam auf das Pferd zu, streicheln Sie es und reden Sie leise mit ihm.

Versuchen Sie auch, Ihre Aktivitäten auf den Biorhythmus Ihres Pferdes abzustimmen: Gönnen Sie Ihrem Pferd nach der Fütterung eine ausreichend lange Ruhepause.

Mensch und Pferd

Damit wir mit einem Pferd Informationen austauschen können, müssen wir erst einmal erreichen, dass es auf uns aufmerksam wird. Wir müssen uns dem Pferd also bemerkbar machen.
Kommunikation mit dem Pferd findet auf unterschiedliche Weise statt. Wir können uns mit Stimmkommandos, Sichthilfen und auch Körpersprache verständigen. Damit das Pferd die Kommandos versteht, müssen sie klar und eindeutig sein. Und sie müssen von uns konsequent angewandt werden, damit das Pferd sie verstehen kann. Wenn wir für das Pferd stets zuverlässig reagieren, werden wir für es berechenbar, und wir kommunizieren auf einfachem und klarem Weg mit ihm.
Stimmhilfen sollten klar artikuliert und nicht in einem Redeschwall versteckt werden. Auch Sichthilfen müssen eindeutig sein. Damit das Pferd auf Sichthilfen reagiert, müssen wir es vorher auf uns aufmerksam machen. Außerdem dürfen Sichthilfen nicht von anderen Tätigkeiten, die wir ausführen, überlagert werden. Und eine Richtungsangabe wird beim Pferd kein Gehör finden, wenn unsere Hand nach rechts weist und unser Kopf nach links. Hilfen müssen also unmissverständlich sein und konsequent angewendet werden.
Nicht zuletzt ist es wichtig, dass unsere Körpersprache authentisch ist. Wir können einem Tier nicht verheimlichen, wenn wir Angst vor ihm haben, ärgerlich oder schlecht gelaunt sind.
So wie wir vom Pferd erwarten, dass es uns seine Aufmerksamkeit vollkommen schenkt, so kann das Pferd von uns erwarten, dass wir uns ganz auf es einstellen. Wenn wir uns daran halten, erreichen wir, dass wir dem Pferd unsere Hilfen beziehungsweise Wünsche immer leiser mitteilen können und es dennoch auf uns hört. Das ist der Weg zum Pferdeflüstern.

Natürliche Autorität.

Führtraining

Das richtige Führen ist die Basis jeglicher Bodenarbeit mit dem Pferd. Durch gezielte Bodenarbeit wird die Rangstufe des Menschen gegenüber dem Pferd festgelegt.

Damit man mit einem Führtraining beginnen kann, muss man kein fortgeschrittener Reiter sein. Beim Führen geht der Mensch zunächst vor dem Pferd, bei weiterem Training dann neben dem Pferd. Man sollte etwas vor der Schulter des Pferdes laufen, ungefähr auf Höhe des Pferdekopfes. Je nach Ausbildungsgrad trägt das Pferd ein Stallhalfter mit Führstrick oder mit Führkette, die um das obere Nasenband geschlungen wird. An der Führkette darf nicht gezogen werden, sondern man zupft nur kurz daran und lässt dann sofort wieder locker. Das Pferd soll am losen Führstrick neben dem Menschen herlaufen. Die Führhand befindet sich ungefähr auf Höhe des inneren Halfterringes. An dieser Stelle kann das Pferd die Hand sehen und auf Signale der Hand reagieren.

Richtig eingeschnallte Führkette.

Um dem Pferd das Führen am losen Zügel beizubringen, bedient man sich des Sozialverhaltens der Pferde. Ein rangniederes Pferd wird ein ranghöheres Pferd niemals in zu geringem Abstand überholen, denn es würde dann von diesem bedroht: Das ranghohe Pferd würde die Lippen hochziehen und mit den Zähnen nach dem anderen Pferd schlagen. Reagiert das rangniedere Pferd nicht darauf, würde das ranghohe Pferd im Zweifelsfall auch zubeißen.

Genauso reagieren auch wir auf das Pferd, wenn es uns überholen will. Die Zähne imitieren wir dabei mit unserer Handhaltung (siehe Foto rechts) und deuten damit einen Schlag an. Nutzt dies nichts, müssen wir dem Pferd einen kurzen Klaps auf die Nase geben. Reagiert es auch darauf nicht, folgt ein kurzer Ruck an der Führkette. Den Klaps mit der Hand können wir sowohl mit der Führhand als auch mit der freien Hand ausüben. Wenn wir das Pferd an der rechten Hand führen, können wir auch eine Gerte in die linke Hand nehmen und dem Pferd mit dem Gertengriff einen Klaps auf die Nase versetzen. Dieser kurze Schlag kann nur angedeutet sein, aber auch sehr deutlich ausfallen, je nach Empfindlichkeit des Pferdes.

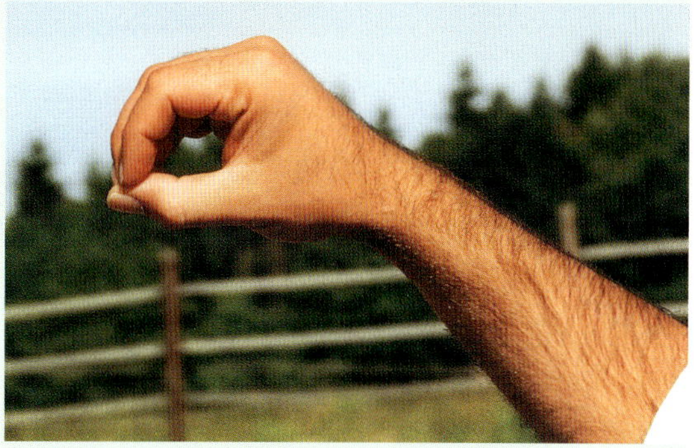

Imitation der gebleckten Zähne.

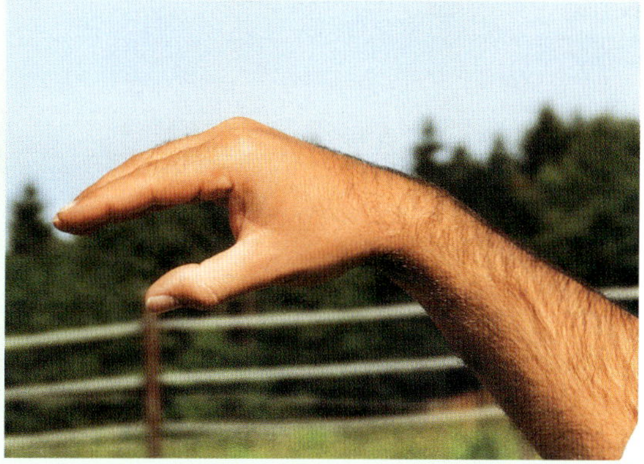

Imitation des geöffneten Mauls.

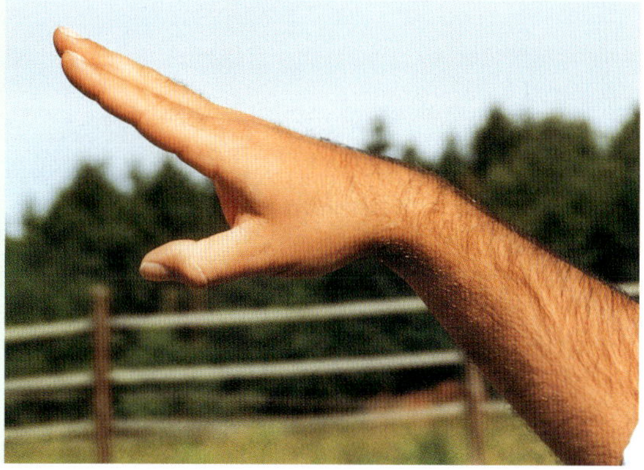

Ein Klaps mit der Hand entspricht dem Biss eines Pferdes.

Wollen wir stehen bleiben, müssen wir das dem Pferd rechtzeitig mitteilen. Wir schütteln ganz leicht die Führkette oder den Führstrick, um das Pferd aufmerksam zu machen, heben dann leicht die Führhand an und geben unser Stimmkommando. Dann halten wir selbst an, indem wir bewusst stehen bleiben. Allerdings bleiben wir nicht abrupt stehen, sondern werden langsamer und gehen flüssig in den Stand über. Trainieren Sie dieses bewusste Stehenbleiben einmal ohne Pferd oder sehen Sie einer anderen Person dabei zu, dann werden Sie feststellen, dass das Anhalten bei den Füßen und Beinen anfängt und die Hüfte sich etwas vorschiebt, bevor der Oberkörper folgt. Dabei wenden Sie sich minimal dem Pferd zu. Bleibt das Pferd daraufhin nicht stehen, müssen Sie schnell reagieren und ihm mit der Hand einen Klaps auf die Nase versetzen.

Ein gut erzogenes Pferd lässt sich nur mit Strick führen.

Beim Antreten gehen wir mit der Führhand leicht nach vorn, geben ein Stimmkommando und setzen uns in Bewegung. Folgt das Pferd nicht, gehen wir wieder einen Schritt zurück und wiederholen die Befehle. Will das Pferd wirklich nicht mitkommen, nehmen wir eine Gerte in die linke Hand, dann können wir das Pferd, ohne uns umzudrehen, leicht mit der Gertenspitze hinten berühren.

Rückwärtsrichten

Geht ein ranghohes Pferd frontal auf ein rangniederes Pferd zu, so wird dieses ausweichen.

Wenn wir das Pferd angehalten haben, lassen wir es kurz ruhig stehen und stellen uns dann mit etwas Abstand und langem Führstrick vor das Pferd. In einer Hand haben wir den Führstrick oder die Führkette, an der wir als erstes leicht rütteln, um das Pferd aufmerksam zu machen. Die andere Hand strecken wir deutlich nach oben und deuten zurück, während wir die Stimmhilfe geben und dabei einen Schritt frontal auf das Pferd zugehen. Normalerweise wird das Pferd daraufhin ein oder zwei Schritte rückwärts gehen. Das genügt für den Anfang. Später kann man die Übung auf mehrere Meter ausdehnen. Reagiert das Pferd zu zögerlich, kann man beide Hände erheben oder auch mit einer Gerte zur Unterstützung an die Brust des Pferdes klopfen.

Die rechte Hand zeigt dem Pferd die Richtung an.

Richtungsänderungen

Wenn wir das Pferd rechts von uns führen und wir eine Rechtskurve gehen wollen, dann nehmen wir die führende Hand leicht nach rechts beziehungsweise machen leicht wedelnde Bewegungen mit den Fingerspitzen und treten etwas weiter an das Pferd heran. Dies führt dazu, dass das Pferd unserem Körper und den Fingern nach rechts ausweicht. Wollen wir nach links gehen, nehmen wir die Hand etwas nach links und treten vom Pferd ein bisschen weiter ab. Das Pferd weiß sehr schnell, in welchem Individualabstand es sich von uns bewegen soll und wird diesen Abstand sehr genau einhalten. Es wird den Bewegungen unserer Hand wie an einem Gummiband folgen.

Wendungen

Mit solchen Hilfen, die auf dem Sozialverhalten des Pferdes beruhen, kann man das Pferd auch Wendungen an der Hand ausführen lassen. Das Pferd lernt dabei auf die führende oder zeigende Hand zu achten, indem es der führenden Hand folgt beziehungsweise den wedelnden Fingern ausweicht. Eine Vorhandwendung können wir das Pferd ausführen lassen, indem wir es anhalten und uns auf Höhe der Pferdemitte stellen, dem Pferd zugewandt. Wir nehmen den Führstrick in die Hand, die dem Kopf näher ist, und sorgen mit leichtem Zupfen dafür, dass es mit der Vorderhand stehen bleibt. Mit der anderen Hand geben wir ausweichende Zeichen Richtung Hinterhand, eine Stimmhilfe, und treten leicht auf das Pferd in Richtung Hinterhand zu. Bei einiger Übung wird das Pferd vorn stehen bleiben und mit der Hinterhand weichen. Am Anfang kommt es nicht auf eine absolute Richtigkeit der Schrittfolge an, sondern darauf, dass das Pferd unserer Körpersprache folgt. In ähnlicher Weise können wir auch eine Hinterhandwendung versuchen, wobei es sich etwas schwieriger gestaltet, die Hinterhand auf einer Stelle zu halten. Dafür muss das Pferd schon gelernt haben, den Fingern zu folgen. Es hilft, wenn man sich vorstellt, dass zwischen Fingerspitzen und Maul des Pferdes eine unsichtbare Verbindung besteht. Fährt man mit der Hand in einer langsamen, flüssigen Bewegung leicht am Pferdekopf in Höhe des Maules vorbei, dann folgt das Pferd anschließend der Hand beziehungsweise den Fingerspitzen. Probieren Sie dies zuerst bei Richtungsänderungen aus, bevor Sie sich an Wendungen machen.

Frei bei Fuß

Diese Übungen führen dazu, dass wir das Pferd frei bei Fuß neben uns laufen lassen können, aus Sicherheitsgründen natürlich nur in einem umzäunten Areal.

Wir benutzen unsere Führhand, unsere Fingerspitzen, Stimmhilfen und Körpersprache, um das Pferd zu dirigieren. Unsere Aufmerksamkeit muss dabei völlig beim Pferd sein, wir dürfen uns von keinen äußeren Umständen ablenken lassen.

Alle unsere Hilfen müssen klar und eindeutig sein, unsere Körpersprache authentisch. Nach einiger Zeit, wenn Mensch und Pferd aufeinander eingespielt sind, wird das Pferd frei in einem ordentlichen Abstand neben uns herlaufen, egal in welcher Gangart und in welche Richtung. Wenn Sie einen Sprint hinlegen, wird das Pferd auf gleicher Höhe mitlaufen und sogar aus dem Galopp heraus mit Ihnen anhalten. Dann haben Sie es zur Meisterschaft der Kommunikation mit dem Pferd gebracht.

Frei bei Fuß in einem umzäumten Areal.

Gute Verständigung schafft Vertrauen

Wenn wir mit unserem Pferd eine gute Kommunikationsbasis gefunden haben, werden unser Kontakt und unser Zusammengehörigkeitsgefühl mit dem Pferd immer besser und enger. Das gegenseitige Vertrauen wird immer größer und größer werden.

Zeit für Zärtlichkeiten

Zur Begrüßung können wir unserem Pferd ganz leicht in die Nase pusten. Die meisten Pferde kommen mit lang gestrecktem Kopf vorsichtig auf einen zu und pusten ganz sachte zurück.

Stehen wir neben unserem Pferd und wollen ihm ein Zeichen unseres Wohlwollens geben, dann können wir es am Hals kraulen. Lässt es die Körpergröße zu, sollte man dabei den Arm über den Hals des Pferdes legen, so wie es die Stuten mit ihren Fohlen machen, und das Pferd an der anderen Seite des Halses streicheln. Solche Gesten bauen ein starkes Vertrauen auf.

Sicherheitsabstand

Auch im Stall oder im Auslauf wird der Umgang mit dem Pferd immer leichter werden, weil es auch aus der Entfernung immer mehr auf uns achten wird. Wenn wir ausmisten, wird es uns rechtzeitig aus dem Weg gehen, und selbst wenn unser Pferd mit anderen Pferden umhertobt, wird es uns immer im Auge behalten, um uns nicht zu nahe zu kommen. Eine Spielaufforderung von einem rangniederen Pferd wird immer nur aus der Weite erfolgen, wogegen ein ranghohes Pferd zur Spielaufforderung seinen Kumpel auch schon einmal kräftig anrempelt. Diese gute Verständigung schafft auch Sicherheit im Umgang miteinander. Nur auf dieser sicheren Basis wird sich das Pferd auf den Menschen und der Mensch auf das Pferd verlassen können.

Regeln einhalten

Das Einhalten der einmal eingeführten Verständigungsregeln zwischen uns und unserem Pferd wird uns einerseits vor unnötigen Verletzungen schützen, andererseits werden wir eine enge Verbindung zu unserem Vierbeiner aufbauen, die von gegenseitigem Vertrauen geprägt ist.

Ein Pferd muss sich auch am Kopf anfassen lassen.

Auf einen Blick

Stimmhilfen

Die Stimme wird mit der Zeit, neben der Körpersprache, zum Hauptverständigungsmittel mit dem Pferd und kann dann den Einsatz von Führstrick und Gerte überflüssig machen.

Pferde gewöhnen sich leicht an akustische Kommandos, wenn Sie folgende Tipps beachten:

Sichthilfen müssen eindeutig sein.

Tipps

- Die Stimmhilfen sollen einfache und deutliche Wortkommandos sein, möglichst mit klangvollen Vokalen.
- Stimmkommandos müssen klar und verständlich ausgesprochen werden und die Vokale der Kommandos dürfen sich nicht zu ähnlich sein, damit unbeabsichtigte Verwechslungen ausgeschlossen sind.
- Verstecken Sie Stimmkommandos nicht in einem Redeschwall.
- Die Lautstärke können Sie mit der Zeit stark reduzieren. Das Pferd hat ein ausgesprochen gutes Gehör und achtet auch auf geflüsterte Kommandos.

Beachte

Weiche Vokale mit tiefer Tonlage gesprochen beruhigen ein Pferd, während kurze, hart ausgesprochene Vokale mit höherer Stimmlage das Pferd aufwecken und sogar erschrecken können.

Eine Stimmhilfe ergänzt die Sichthilfe zum Rückwärtsrichten.

Sichthilfen

Richtige Sichthilfen machen sich das Sozialverhalten des Pferdes zunutze. Auch Sichthilfen müssen unmissverständlich sein. Die Hand spielt dabei eine wesentliche Rolle, denn Pferde lassen sich leicht auf die Hand des Menschen fixieren. Sie folgen der Hand auf bloßes Fingerschnippen hin und führen Befehle auf ein Zeichen der Fingerspitzen aus.

Das Pferd hält respektvollen Abstand.

Tipps

- Bei der Bodenarbeit im Schritt passt man sein Tempo dem des Pferdes an. Es ist für das Pferd schwieriger und auch unnatürlich, wenn es seine Schrittlänge verkürzen soll. Leichter ist es für den Menschen, etwas weiter auszuschreiten.
- Beim Führen hat das Pferd respektvoll Abstand zu halten. Es darf den Menschen weder überholen, noch darf es drängeln oder sich ziehen lassen.
- Dulden Sie keine Ausnahmen. Das Leittier der Herde macht auch keine Ausnahmen.
- Um die Bodenarbeit am langen Führstrick üben zu können, braucht man einen Führstrick von ausreichender Länge, auch wenn man eine Führkette benutzt. Am geeignetsten ist ein Führstrick mit 2,5 Metern Länge.
- Der Ausbilder sollte ordentliches Schuhwerk tragen, das auch einmal einem Huftritt standhält und genügend Griff auf dem Untergrund bietet. Es sollten, vor allen Dingen am Anfang des Trainings, immer Handschuhe getragen werden. Scheut das Pferd, kann es passieren, dass der Führstrick durch die Hand gezogen wird, was zu bösen Verbrennungen führen kann.

Auch ein Kind hat für ein Pferd immer ranghöher zu sein.

Bibliografische Information der Deutschen Nationalbibliothek

Die Deutsche Nationalbibliothek verzeichnet diese Publikation in der Deutschen Nationalbibliografie; detaillierte bibliografische Daten sind im Internet über http://dnb.d-nb.de abrufbar.

4. Auflage

BLV Buchverlag GmbH & Co. KG
80797 München

www.facebook.com/blvVerlag

Bildnachweis:
Alle Fotos von Sylvia Strauch, außer:
Escher, Erwin: S. 9, 37, 39; Lentz, Lothar: S. 1, 2/3, 4 o., 6 o., 6 u. re., 7, 26, 27, 28, 33, 38, 40, 45, 47, 57, 62; Schreiner, Maximilian: S. 35; Slawik, Christiane: S. 6 u. li.

Umschlagfotos:
Vorderseite: Edition Boiselle/Christiane Slawik
Rückseite: Lothar Lentz

Lektorat: Maritta Kremmler
Herstellung und Layoutkonzept Innenteil:
Angelika Tröger
Satz und Layout: Uhl + Massopust, Aalen

Gedruckt auf chlorfrei gebleichtem Papier

Printed in Italy
ISBN 978-3-8354-0734-3

Hinweis
Das vorliegende Buch wurde sorgfältig erarbeitet. Dennoch erfolgen alle Angaben ohne Gewähr. Weder Autorin noch Verlag können für eventuelle Nachteile oder Schäden, die aus den im Buch vorgestellten Informationen resultieren, eine Haftung übernehmen.